BEI GRIN MACHT SICH IHR WISSEN BEZAHLT

- Wir veröffentlichen Ihre Hausarbeit, Bachelor- und Masterarbeit

- Ihr eigenes eBook und Buch - weltweit in allen wichtigen Shops

- Verdienen Sie an jedem Verkauf

Jetzt bei www.GRIN.com hochladen und kostenlos publizieren

Bibliografische Information der Deutschen Nationalbibliothek:

Die Deutsche Bibliothek verzeichnet diese Publikation in der Deutschen National-
bibliografie; detaillierte bibliografische Daten sind im Internet über http://dnb.d-
nb.de/ abrufbar.

Dieses Werk sowie alle darin enthaltenen einzelnen Beiträge und Abbildungen
sind urheberrechtlich geschützt. Jede Verwertung, die nicht ausdrücklich vom
Urheberrechtsschutz zugelassen ist, bedarf der vorherigen Zustimmung des Verla-
ges. Das gilt insbesondere für Vervielfältigungen, Bearbeitungen, Übersetzungen,
Mikroverfilmungen, Auswertungen durch Datenbanken und für die Einspeicherung
und Verarbeitung in elektronische Systeme. Alle Rechte, auch die des auszugsweisen
Nachdrucks, der fotomechanischen Wiedergabe (einschließlich Mikrokopie) sowie
der Auswertung durch Datenbanken oder ähnliche Einrichtungen, vorbehalten.

Impressum:

Copyright © 2018 GRIN Verlag
Druck und Bindung: Books on Demand GmbH, Norderstedt Germany
ISBN: 9783668896987

Dieses Buch bei GRIN:

https://www.grin.com/document/456841

Christian Hölldobler

Veränderungen anthropometrischer Daten bei Teilneh-mern/innen des Gewichtsreduktionsprogramms "Abnehmstudie 2.0" im Betrieb "IntegraWell GmbH"

GRIN Verlag

GRIN - Your knowledge has value

Der GRIN Verlag publiziert seit 1998 wissenschaftliche Arbeiten von Studenten, Hochschullehrern und anderen Akademikern als eBook und gedrucktes Buch. Die Verlagswebsite www.grin.com ist die ideale Plattform zur Veröffentlichung von Hausarbeiten, Abschlussarbeiten, wissenschaftlichen Aufsätzen, Dissertationen und Fachbüchern.

Besuchen Sie uns im Internet:

http://www.grin.com/

http://www.facebook.com/grincom

http://www.twitter.com/grin_com

Deutsche Hochschule für

Prävention und Gesundheitsmanagement

Hermann Neuberger Sportschule 3

66123 Saarbrücken

Bachelor-Thesis

zur Erlangung des Grades

Bachelor of Arts

Titel der Abschlussarbeit:

Veränderungen anthropometrischer Daten bei Teilnehmern/innen des Gewichtsreduktionsprogramms „Abnehmstudie 2.0" im Betrieb „IntegraWell GmbH"

Studiengang: Fitnessökonomie

eingereicht von

Name, Vorname: Hölldobler, Christian

Ort und Tag der Einreichung: Saarbrücken, den 03.07.2018

Inhaltsverzeichnis

1 Einleitung und Problemstellung

Die Zahl der Übergewichtigen in Deutschland nimmt weiter zu. Mit der Industrialisierung und der damit verbundenen Automatisierung und dem Maschinisieren des Alltags werden die Menschen in ihrer alltäglichen Bewegung eingeschränkt. Hinzu kommen in diesen Ländern kaum noch Hungersnöte oder Lebensmittelknappheit vor, sondern eher ein Überschuss an hochkalorischen verarbeiteten Produkten. Durch die Tertiärisierung schrumpft der Primärsektor mit den Berufen wie Forst- und Landwirtschaft, in denen körperlich hart gearbeitet wurde. Deshalb verringerte sich die alltägliche Bewegung der Industrieländern, wie etwa Deutschland eines ist. Auch im Bereich der Ernährung hat sich durch die Industrialisierung viel zum körperlichen Leidwesen des Menschen verändert. Früher war Nahrungsbeschaffung noch mühsame Landwirtschaft, verbunden mit Hungersnöten, die durch Faktoren wie Klima, Parasiten oder Kriege ausgelöst wurden. Durch die Industrialisierung wurden diese Probleme weitestgehend ausgemerzt und somit entstanden volle Supermärkte mit einem breiten Angebotsspektrum an jeder Ecke ohne sich teilweise weiter als 500m zu bewegen. Heute sind bereits 59% der Männer und 37% der Frauen betroffen (DGE, 2017). Die Gründe für Übergewicht sind verschieden, jedoch sind die größten Faktoren, wie zuvor beschrieben, zu wenig Bewegung und eine zu hohe Kalorienmenge beim Essen. Da das Gesundheitssystem nur begrenzt Aufklärung ausüben kann, gibt es kommerzielle Gesundheitseinrichtungen und Fitnessstudios, die neben dem Angebot an Bewegungssteigerung zusätzlich auch noch verschiedene Gewichtsreduktionsprogramme anbieten. Durch ein angepasstes Sport- und Bewegungsprogramm sowie eine angepasste Ernährung kann man den Kampf gegen Übergewicht und Adipositas antreten und die Risiken für Folgeerkrankungen reduzieren. Bei solchen Gewichtsreduktionsprogrammen werden die Teilnehmer über die Historie zur Ernährung aufgeklärt und bekommen daraufhin eine zugeschnittene Maßnahme gegen ihre Gewichtsprobleme. Ein solches Gewichtsreduktionsprogramm wird in dieser Arbeit präsentiert.

2   Zielsetzung

Prospektiv werden die Veränderungen anthropometrischer Daten bei 43 Teilnehmern des Gewichtsreduktionsprogramm „Abnehmstudie 2.0" analysiert, und diese Daten anschließend ausgewertet. Dabei werden die Teilnehmer aus bereits bestehenden Mitgliedern des EMS-Studios und externen Interessenten bestehen. Diese Personen führen ihr aktuelles Trainingsprogramm durch und üben derzeit keine besondere Ernährungsform aus, um die Veränderungen analysieren zu können und diese auf das Gewichtsreduktionsprogramm „Abnehmstudie 2.0" zurückzuführen zu können. Daraus lassen sich folgende Hypothesen aufstellen:

H_0 = Teilnehmer die ihr aktuelles Sport-/Bewegungsprogramm mit einem Gewichtsreduktionsprogramm absolvieren, verlieren kein Gewicht.

H_1 = Teilnehmer die ihr aktuelles Sport-/Bewegungsprogramm mit einem Gewichtsreduktionsprogramm absolvieren, verlieren an Gewicht.

3   Gegenwärtiger Kenntnisstand

3.1 Definition von Übergewicht und Adipositas

Es gibt verschiedene Wege Übergewicht und Adipositas zu definieren. Mit zunehmendem Körpergewicht steigt auch das Risiko für Erkrankungen, die mit Adipositas im Zusammenhang stehen. Um jedoch die Körpermasse eines Menschen genauer zu analysieren, hat man verschiedene Messmöglichkeiten. Zuerst betrachtet man verstärkt das Körpergewicht in Abhängigkeit zur Körpergröße. Diese Messzahl nennt man Body Mass Index (BMI). Ist das Körpergewicht in Relation zur Körpergröße hoch, spricht man von Übergewicht. Eine noch stärkere Ausprägung dieser Relation nennt man Adipositas. Der BMI ist lediglich ein grober Richtwert. Hierfür hat die World Health Organisation (WHO) Normwerte ausgegeben, um die jeweiligen Messwerte einstufen zu können (WHO, 2000).

Tab. 1: Gewichtsklassifikation bei Erwachsenen anhand des BMI (nach WHO, 2000)

Kategorie	BMI	Risiko für Begleiterkrankungen des Übergewichts
Untergewicht	< 18,5	niedrig
Normalgewicht	18,5 – 24,9	durchschnittlich
Übergewicht	≥ 25.0	
Präadipositas	25 – 29,9	Gering erhöht
Adipositas Grad I	30 – 34,9	erhöht
Adipositas Grad II	35 – 39,9	hoch
Adipositas Grad III	≥ 40	Sehr hoch

Jedoch sollte man den BMI nicht allein als Analysemerkmal sehen, sondern weitere Kennzahlen ermitteln um potentielle gesundheitliche Risiken einschätzen zu können, sowie auch die Fettverteilung am Körper. Menschen mit Fettpolstern um die Bauchgegend (sogenannter Apfeltyp) sind weitaus gefährdeter, als diejenigen mit den Fettpolstern um die Gesäß- und Beingegend (sogenannter Birnentyp). Hierzu kommen weitere Messungen in Frage wie etwa der Taillen-Hüft-Quotient (THQ). Bei Menschen mit einem BMI von ab 25 sollte man aufgrund der Fettverteilung zusätzlich den THQ messen, um weitere Risiken einschätzen zu können. Dieser Quotient sollte, wenn man den Taillenumfang durch den Hüftumfang teilt, bei Männern unter 1,0 und bei Frauen unter 0,85 liegen um die Fettverteilung als Apfeltyp oder Birnentyp zu definieren.(Universitätsmedizin Leipzig IFB Adipositas Erkrankungen, 2018)

3.2 Prävalenz von Übergewicht und Adipositas in der deutschen Bevölkerung

Das Bundesministerium für Gesundheit gab dem Robert-Koch-Institut (RKI) 1998 den Auftrag, repräsentative und verlässliche Daten zum aktuellen Gesundheitsstand der deutschen Bevölkerung zu erheben. Bei dieser Bundes-Gesundheitssurvey 1998 (BGS98) , haben 7.116 Personen im Alter von 18-79 Jahren aus 120 deutschen Städten & Gemeinden teilgenommen. Das Erhebungsprogramm bestand aus einer schriftlichen

Befragung, medizinisch-physikalischen Untersuchungen und einer Urin- & Blutprobe, um Laborparameter zu bestimmen. (Robert-Koch-Institut [RKI], 1999)

2008 erhielt das RKI erneut den Auftrag, repräsentative Daten zum aktuellen Gesundheitsstand der deutschen Bevölkerung zu erheben. Diese Studie zur Gesundheit Erwachsener in Deutschland (DEGS1) setzt die BGS98 fort. Hier wurden 8.152 Personen im Alter von 18-79 Jahren aus den selben 120 Städten & Gemeinden rekrutiert, wie bei der BGS98. Davon nahmen 3.959 Personen bereits 1998 teil. Zu den 120 Städten & Kommunen kamen 60 weitere Studienorte. Bei der DEGS1 wurden die Probanden ebenfalls schriftlich befragt, medizinisch-physikalisch untersucht und ebenfalls eine Urin- & Blutprobe genommen, um bestimmte Laborparameter zu ermitteln. (RKI, 2012)

Anhand der folgenden Abbildungen lassen sich repräsentative Verteilungen von Übergewicht und Adipositas bei Männern und Frauen in Deutschland in den Jahren 1998 und 2012 zeigen.

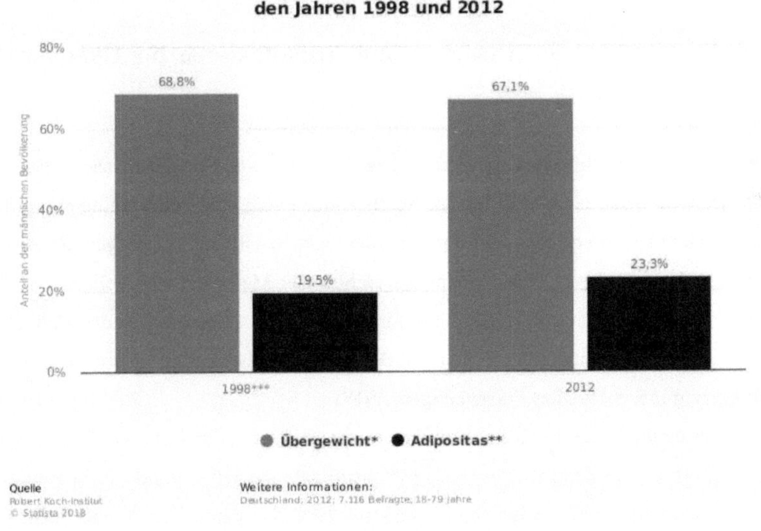

Abb. 1: Anteil der Männer mit Übergewicht und Adipositas in Deutschland (RKI, 1998 & 2012)

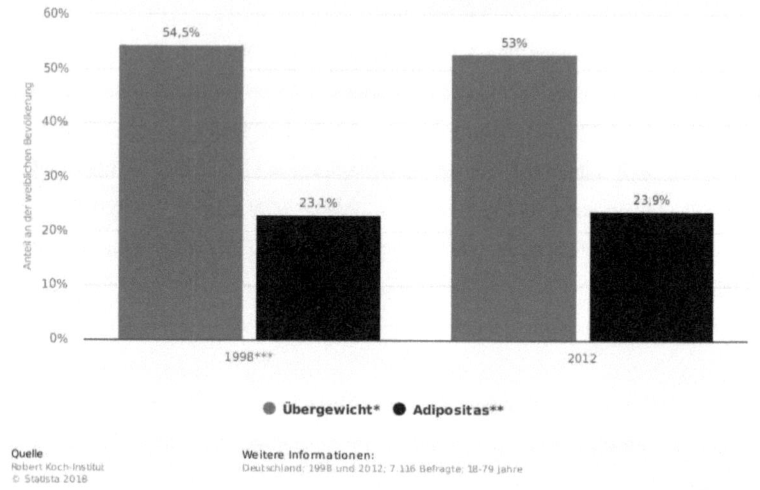

Abb. 2: Anteil der Frauen mit Übergewicht und Adipositas in Deutschland (RKI, 1998 & 2012)

3.3 Einflussfaktoren/ Ursachen und Risikofaktoren für Übergewicht und Adipositas

Übergewicht und Adipositas hat verschiedene Ursachen wie etwa genetische, sodass sie zum Beispiel einen Gendefekt haben, welcher ihnen kein natürliches Sättigungsgefühl gibt. Andere haben von klein auf durch psychologische Gründe angefangen, Stress mit Essen zu kompensieren. Hier belohnt das Gehirn den Menschen und stellt ihn wieder ruhig. Jedoch sind die größten Einflüsse für Adipositas und Übergewicht der Mangel an Bewegung und die Qualität und Quantität der heutigen Lebensmittel. (Universitätsmedizin Leipzig IFB Adipositas Erkrankungen, 2018)

Zum Bewegungsmangel gab es 2016 eine Bewegungsstudie der Techniker Krankenkasse (TK). Hier wird deutlich, dass sich 34% maximal eine halbe Stunde, 32% zwischen einer halben und einer ganzen Stunde und nur 29% eine ganze Stunde oder mehr pro Tag bewegen. Deutschland sitzt. Der Deutsche sitzt durchschnittlich sechseinhalb Stunden pro Tag, mehr als jeder Fünfte sogar neun Stunden oder mehr. Beruflich gesehen ist fast jeder zweite Arbeitsplatz in Deutschland eine vorwiegend sitzende Tätigkeit. Trotzdem gleichen die Bürger nach dem Feierabend diesen Bewegungsmangel nicht aus sondern verbringen den Feierabend weiter auf dem Sofa. Über 40% sagen, dass ihr Arbeitsalltag so anstrengend ist, dass sie danach nur noch auf dem Sofa entspannen wollen. Dort wird meist die Zeit, nämlich durchschnittlich ca. 3h vor einem Bildschirm wie etwa dem Fernseher, dem Computer und Smartphone meist sitzend oder liegend verbracht. (TK, 2016)

Die Ernährung ist eine andere ernstzunehmende Ursache. Die Industrie passt die Lebensmittel dem hektischen und stressigen Alltag der Menschen an. Nicht selten ist die Ernährung somit zu zuckerhaltig, zu salzig oder zu fettig. So greift man leichter zu Fertigprodukten, Softdrinks, Weißmehlprodukten und verarbeitetem Fleisch, da einfach die Zeit für das Kochen fehlt. Nicht zuletzt steckt in solchen Lebensmitteln überall übermäßig viel Zucker darin. (Wüstenhagen C., 2009) Die WHO empfiehlt die Zuckerzufuhr auf etwa 25g pro Tag zu reduzieren. Jedoch lag der Zuckerkonsum 2013/2014 bei 31,3 kg pro Bundesbürger welcher umgerechnet 85,8g Zucker pro Tag waren. (Wissenschaftlicher Dienst des deutschen Bundestages, 2016).

3.4 Folgeerkrankungen von Übergewicht und Adipositas

Folgeerkrankungen von Übergewicht und Adipositas hängen meist zusammen und prägen sich über die Dauer des Zeitraums in denen ein Mensch übergewichtig oder adipös ist, aus. Aufgrund der Ursachen aus Kapitel 3.3 ergeben sich verschiedene Erkrankungen. Eine dieser wäre der Typ-2-Diabetes, welcher primär durch Übergewicht und Bewegungsmangel ausgelöst wird. Bei dieser Stoffwechselerkrankung kann die Bauchspeicheldrüse nicht mehr genügend Insulin produzieren, um den Zucker im Blut zu verwerten. Dieser Zustand schädigt auf Dauer den Organen und kann schwerwiegende Folgen wie dauerhafte Organschäden hervorrufen. (Universitätsmedizin Leipzig IFB Adipositas Erkrankungen, 2018) Hier ermittelte das RKI im Rahmen der DEGS1 einen Anstieg an Typ-2-Diabetes Diagnostizierungen innerhalb der letzten Dekade um 38%. (RKI,2012)

Atherosklerose, oder auch Gefäßverkalkung genannt, ist eine weitere Folgeerkrankung von Übergewicht und Adipositas. Grund für diese Einlagerungen in den Gefäßen und Arterien sind ein zu hoher LDL-Cholesterinwert , sowie auch Übergewicht und Bewegungsmangel. Es entstehen chemisch hervorgerufene Wucherungen, auch Plaques genannt, die nach und nach die Gefäßinnenwände verstopfen. Die Organe können somit nicht mehr ausreichend mit Sauerstoff versorgt werden. Im schlimmsten Fall folgt ein

Herzinfarkt oder Schlaganfall. (Universitätsmedizin Leipzig IFB Adipositas Erkrankungen, 2018) Hier wurden bei der DEGS1 120 Parameter im Labor gemessen, um festzustellen, dass bei der Altersgruppe von 40-79 Jahren bereits 2,3% der Frauen und 7% der Männer einen Herzinfarkt überlebt hatten. Ebenso erlitten 2,5% der Frauen und 3,3% der Männer in dieser Altersgruppe einen Schlaganfall. (RKI, 2012)

Eine weitere Folgeerkrankung ist wie etwa eine Fettstoffwechselstörung, auch Dyslipidämie genannt. Hierbei handelt es sich um einen erhöhten Blutfettwert. Diese Krankheit erfolgt meist durch das Übergewicht und der daraus entstandenen Erkrankung an Typ-2-Diabetes. Auch hier können durch die hohe Konzentration an Fetten im Blut Gefäßverstopfungen verursacht werden. Die Folge sind erneut Herzinfarkte und Schlaganfälle. (Universitätsmedizin Leipzig IFB Adipositas Erkrankungen, 2018) Deutschlandweit weisen 65,7% der Frauen und 64,5% der Männer eine Fettstoffwechselstörung auf. (RKI, 2012)

3.5 Wissenschaftliche Datenlage zu proteinbetonten, kohlenhydratmoderaten und fettmodifizierten Ernährungsformen

Aufgrund der steigenden Zahlen von Übergewichtigen und Adipösen und deren Erkrankungen in Industrieländern benötigt man Programme, um präventiv und therapeutisch zu handeln. Die LOGI-Methode beschreibt eine Ernährungsform, in der die Energieverteilung bei 25-30% Eiweiß, 20-25% Kohlenhydrate und 45-50% Fett angestrebt wird. Um den in Kapitel 3.4 erwähnten Krankheitsbildern entgegenzuwirken, strebt man eine Verbesserung der relevanten Parameter durch die Ernährungsumstellung an. Durch die Senkung der Kohlenhydratmenge und der gleichzeitigen Fettmodifizierung (Erhöhung der ungesättigten Fettsäuren) wirkt man der Insulinresistenz entgegen. Zusätzlich begünstigt diese Art der Ernährung die Fettstoffwechselparameter und das Gewicht. Zusätzlich schränkt man bei Typ-2-Diabetikern die medikamentöse Therapie um 76% ein. Darüber hinaus zeigen sich für das metabolische Syndrom günstigere Effekte. Während eines dreiwöchigen Reha-Aufenthaltes wurden bei 359 Patienten klinische Parameter vor und nach der Reha-Maßnahme aufgenommen. (Heilmeyer, 2008)

Tab. 2: Wirkung der LOGI-Ernährung auf den Stoffwechsel bei Adipositas (Reha-Klinik Überruh 2003)
Klinische Parameter zu Beginn und am Ende der Reha-Maßnahme

Parameter	Mittelwert 1. Messung	Mittelwert 2. Messung	Veränderungen	Teilnehmergesamtzahl
Körpergewicht	116,3 ± 22,7 kg	113,1 ± 21,8 kg	–3,2 kg	359
KFA	43,7 ± 10,3%	41,9 ± 10,6%	–1,8%	342
BMI	38,8 ± 6,6 kg/m2	37,8 ± 6,4 kg/m2	–1 kg/m2	352
Gesamtcholesterin	214,4 ± 43,6 mg/dl	187,6 ± 22,5 mg/dl	–26,4 mg/dl	359
LDL	124,8 ± 37,2 mg/dl	107,2 ± 30,9 mg/dl	–17,6 mg/dl	338
HDL	49,2 ± 11,7 mg/dl	49,4 ± 13,4 mg/dl	+0,2 mg/dl	359
Triglyceride	215,1 ± 162,5 mg/dl	162,8 ± 99,7 mg/dl	–52,3 mg/dl	358
Nüchternglukose	108,3 ± 29,3 mg/dl	100,8 ± 20,8 mg/dl	–7,5 mg/dl	305

Ähnliches wurde in einer Studie des „The New England Journal of Medicine" im Jahre 2010 bestätigt. Hier wurden fünf verschiedene Diätformen für ein halbes Jahr untersucht. 548 Teilnehmer, die die Studie komplett beendet haben, hatten folgende Ergebnisse aufzuzeigen, dass die Diätformen mit einem hohen Proteinanteil und einem niedrigen glykämischen Index die besten Ergebnisse aufwiesen im Bezug auf Gewichtsreduktion. Die Low-Fat-Diäten konnten kurzzeitigen Gewichtsverlust verzeichnen, jedoch wurden mit Low-Carb- , High-Protein- und High-Fat-Diäten erheblichere Erfolge erzielt. Nur die Gruppe der Low-Protein-Diät und einem hohen glykämischen Index verzeichneten eine Gewichtszunahme von durchschnittlich 1,67 kg. Der Vergleich zwischen den Diätgruppen mit einer High-Protein-Diät und einer Low-Protein-Diät lag bei 1,44 kg. Beim Vergleich zu den Gruppen mit einem niedrigem glykämischen Index und einem hohen glykämischen Index betrug es 1,09 kg. Schlussfolgernd ließ sich ermitteln, dass die Gruppen mit einem hohen Proteinanteil 2,7 kg weniger zunahmen als die Gruppen mit einem niedrigen Proteinanteil, und die Gruppen mit einem niedrigem glykämischen Index nahmen 1,03 kg weniger zu, als diejenigen die einen hohen glykämischen Index in ihrer Diätform hatten. (Larsen, Dalskov et al. 2010)

Zusammenfassend bestätigen diese beiden voneinander unabhängigen Studien, den Grundsatz, dass eine proteinbetone, fettmodifizierte und kohlenhydratmoderate Ernährungsform den Gewichtsverlust begünstigt.

3.6 Überblick zu anderen kommerziellen Gewichtsreduktionsprogrammen und die Auswirkungen auf den Gewichtsverlust

In den letzten Kapiteln wurde deutlich, wie stark der Einfluss von Bewegung und Ernährung auf Übergewicht und Adipositas ist. Hinzukommen gesellschaftliche Gründe, abnehmen zu wollen, denn schlank gilt als attraktiv und gesund. Deshalb gibt es verschiedene Gewichtsreduktionsprogramme, um den Menschen ihre Wünsche und Bedürfnisse zu erfüllen.

<u>Weight Watchers</u>

Ein solches Programm wäre Weight Watchers, welches 1963 in den USA gegründet wurde. Hier richten sich die Teilnehmer nach einem Punktesystem, indem jedem Lebensmittel eine bestimmte Punktzahl, sogenannte SmartPoints, zugewiesen werden. Hierbei gibt es keine Verbote, jedoch darf ein Teilnehmer nur eine bestimmte Anzahl an SmartPoints erreichen. Die Gesamtzahl berechnet sich aus Körpergröße, Geschlecht und Startgewicht. Darüber hinaus gibt es wöchentliche kostenpflichtige Gruppentreffen, um sich neben der App mit anderen auszutauschen oder neue Ernährungserkenntnisse vermittelt zu bekommen. Zusätzlich bietet Weight Watchers eigene Produkte an, die das Konzept erleichtern sollen. Diese können im Shop online erworben werden. Wer sein Zielgewicht erreicht, muss dieses sechs Wochen halten, um eine Goldmitgliedschaft zu erlangen. Mit dieser kann man weltweit kostenlos an den Gruppentreffen teilnehmen. Laut der DGE erfolgten bei adipösen Menschen eine Gewichtsreduktion von 3-4,5 kg im ersten Jahr und 2,9 kg in 2 Jahren. (Heshka, Anderson et al. 2003)

<u>Metabolic Balance</u>

Diese Ernährungsweise wurde von Wolfgang Funfack und Silvia Bürkle entwickelt. Hierbei wird ein Ernährungsplan individuell auf bestimmte Blutwerte und eine umfangreiche Anamnese abgestimmt. Die Diät enthält 4 Phasen: Eine Vorbereitungsphase, welche zwei Tage dauert und den Körper mittels leichter Nahrung auf die bevorstehende Diät vorbereiten soll. Anschließend folgt die 14-tägige strenge Umstellungsphase, in der immer ein proteinhaltiges Lebensmittel mit einem kohlenhydrathaltigem Lebensmittel kombiniert wird. Aufgrund der Blutanalyse wird die Lebensmittelliste strikt festgelegt.

Als nächstes kommt die gelockerte Phase, in der die Nahrungsmengen vom Teilnehmer durch die bisher gewonnene Erfahrung selbst bestimmt werden dürfen. Zusätzlich darf man einmal pro Woche gegen den Plan verstoßen und nicht aufgeführte Lebensmittel essen, solange sie naturbelassen sind oder eine niedrige glykämische Last aufweisen. In der letzten Phase sollen die Teilnehmer die bereits gelernten acht Grundregeln einhalten und sich auf eine gesunde Ernährung besinnen. Diese Regeln wären zum Beispiel, dass man pro Tag lediglich drei Mahlzeiten zu sich nimmt, zwischen jeder Mahlzeit jeweils fünf Stunden Pause einhält, die Mahlzeit selbst nicht länger als 60 Minuten dauert und dass man nach 21 Uhr nichts mehr isst. Hinzukommen Regeln, die die Lebensmittel betreffen. Hier soll jede Mahlzeit mit ein bis zwei Bissen der Eiweißportion sein, bei jeder Mahlzeit soll nur eine Eiweißart verzehrt werden, jedoch bei jeder Mahlzeit eine andere Eiweißart, die individuelle Wassertrinkmenge soll über den Tag erreicht werden und ein Stück Obst soll zur Mahlzeit dazu oder als Dessert verzehrt werden. (Metabolic Balance, 2018)

Eine Studie des Hochrhein-Institut am Reha-Klinikum Bad Säckingen (HRI) ergab bei 524 Teilnehmern, die bis dahin 12 Monate teilgenommen hatten, eine Gewichtsabnahme von 4,4 kg. Es wurden die 5% Reduktion des Anfangsgewichts eingehalten, um die Kriterien eines erfolgreichen Diätprogramms zu erfüllen. (Meffert & Gerdes, 2010)

OPTIFAST® 52 Programm

OPTIFAST® ist ein seit 1989 etabliertes Konzept, welches professionell betreut wird und verschiedene Programme anbietet. Das OPTIFAST® 52 Programm dauert 52 Wochen, mit vier Phasen. Hier wird man in einem nahegelegenem Therapiezentrum begleitet und absolviert einmal pro Woche eine Gruppensitzung. Zusätzlich kann man Einzelberatungen vereinbaren. Die vier Phasen lassen sich untergliedern in eine Vorbereitungsphase, in der man einen Gesundheitscheck, um eine mögliche Teilnahme zu prüfen und eine ausführliche Bewegungs- & Ernährungsanalyse absolviert. Anschließend kommt die modifizierte Fastenphase, in der man sich von ca. 800 kcal am Tag ernähren soll. In dieser Phase sollen ausschließlich fünf Portionen OPTIFAST®-Produkte als Nahrungsquelle dienen. Zu den OPTIFAST®-Produkten zählen unter anderem Shakes, Creme, Suppen und Riegel sowie alternativ Rezepte für leichte Hauptgerichte. Die Produkte sollen dem Teilnehmer helfen, Muskeln zu erhalten, den Fettabbau fördern, dem Kunden eine einfache Zubereitung gewährleisten und eine hohe Nährstoffdichte mit niedrigem Kaloriengehalt bieten. Die nächste Phase ist die Umstellungsphase, in der schrittweise die OPTIFAST®-Produkte durch natürliche Lebensmittel ersetzt werden. Hier stellt man das neu erworbene Ernährungswissen des Teilnehmers auf die Probe und hilft ihm mit einem Punktesystem, den Ernährungsexperten und dem Bewegungsprogramm eines Bewegungstherapeuten. In der abschließenden Phase, auch Stabilisierungsphase genannt, werden aus den bisher gewonnenen Kenntnissen Strategien für den Alltag entwickelt, um das erreichte Ziel nachhaltig zu stabilisieren. (Nestlé Health Science Deutschland GmbH, 2018)

Studienergebnisse zeigten, dass von 3.446 Teilnehmern, die das OPTIFAST® 52 Programm absolviert hatten, 82,1% ihr anfängliches Gewicht um 10% oder mehr reduziert haben. Somit wurden die Kriterien für ein erfolgreiches Diätprogramm erfüllt. Die Gewichtsreduktion von Frauen nach einem Jahr lag bei 19,6 kg, bei Männern 26,0 kg. (Bischoff et al., 2012)

3.7 Darstellung des Ernährungskonzeptes

Das Ernährungskonzept der „Abnehmstudie 2.0" wurde im Rahmen einer Infoveranstaltung für die Teilnehmer erklärt. Das Konzept startet mit Bildern von früher und heute, um dem Teilnehmer zu verdeutlichen, welche die primären Ursachen für das Übergewicht, nämlich Bewegungsmangel und eine hohe Lebensmitteldichte sind. Anschließend werden die 3 Säulen für ein gesundes Leben erklärt. Hierbei handelt es sich um Ausdauertraining, Krafttraining, und die Ernährung. Die Funktionsweise des Ausdauertrainings wurde ergänzend erklärt. Das Krafttraining besteht in diesem Fall aus Elektro-Myo-Stimulations-Training (EMS-Training).Das Hauptaugenmerk des Konzeptes liegt bei dem Ernährungsteil, welcher verdeutlicht, sich proteinreich, fettmodifiziert und kohlenhydratreduziert für die nächsten fünf Wochen zu ernähren. Hier wird dem Teilnehmer eine priorisierte Reihenfolge der Nährstoffe erläutert. Eiweiße sollen die Mahlzeiten dominieren. Lebensmittel wie beispielsweise Rind- und Geflügelfleisch, verschiedene Fischsorten (z.B. Lachs, Forelle, Hering, Thunfisch), Milchprodukte (Quark, Skyr, Frischkäse, Hüttenkäse, Mozzarella, Milch), sowie auch Nahrungsergänzungsmittel wie Whey Protein oder Proteinriegel, um den Eiweißbedarf von 2g Eiweiß pro Kilogramm fettfreier Körpermasse zu gewährleisten. Anschließend werden fettreiche Lebensmittel mit aufgenommen. Hierzu zählen Avocados, Käse, fettige Fischsorten, Eier, Nüsse & Samen, natives Olivenöl und Kokosöl. Hier merken die Teilnehmer bereits, dass sich proteinreiche und fettreiche Lebensmittel teilweise überschneiden. Zuletzt werden die Kohlenhydrate, welche zur Auswahl stehen, aufgezählt, wie etwa Vollkornprodukte, brauner Reis, Süßkartoffeln, Bohnen, Haferflocken, Obst und Gemüse. Zusätzlich zur Ernährung muss die Trinkmenge beachtet werden, hier soll ausschließlich Wasser getrunken werden. Das Wasser kann mit Zitronen- , Gurkenscheiben, Ingwerstückchen oder frischer Minze ergänzt werden. Alternativ dürfen auch ungesüßte Tees und Kaffees konsumiert werden. Wichtig ist hier, 30 ml Wasser pro Kilogramm Körpergewicht am Tag zu trinken. Abschließend wird erklärt, wie die verschiedenen Lebensmittel optimal über den Tag verteilt werden sollen. Der Tag beginnt bei jedem Teilnehmer individuell mit dem Aufstehen. Hier soll anschließend beachtet werden, Kohlenhydrate eher zwischen dem Aufstehen und dem individuellen Mittag zu verzehren, und ab diesem individuellen Mittag bis hin zum individuellen Abend auf fettreiche Lebensmittel umzusteigen. Die proteinreichen Lebensmittel, Obst und Gemüse, sowie die Wasserzufuhr sollen und können über den ganzen Tag verteilt verzehrt werden.

Zusammenfassend wurden folgende Ernährungsregeln aufgestellt, um Erfolge in den nächsten fünf Wochen zu erzielen:

- die tägliche Eiweißmenge beträgt 2g pro Kilogramm fettfreiem Körpergewicht
- die tägliche Wassertrinkmenge beträgt 30ml pro Kilogramm Körpergewicht
- Kohlenhydrate werden zeitlich begrenzt verzehrt, nämlich zwischen dem Zeitraum des Aufstehens und dem Mittag, wobei jeder Teilnehmer je nach Alltagssituation einen eigenen Tageszyklus hat (Schichtarbeit).
- Es sollen ab dem Mittag vermehrt Fette konsumiert werden

3.8 Definition der Drop-Out-Quote und der Drop-Out-Quoten anderer Gewichtsreduktionsprogramme aus 3.6

Die Drop-Out-Quote ist eine Prozentzahl von Probanden, die eine Studie vorzeitig abbrechen oder nicht mehr beenden können. Hierbei können verschiedene Gründe für ein Ausscheiden auftreten, jedoch ist dies primär nicht relevant für die Drop-Out-Quote. Hier wird meist nur unterschieden, ob der Proband die Studie regulär beendet hat oder nicht. (Physio-Akademie gGmbH, 2018)

Drop-Out-Quote Weight Watchers
Die Drop-Out-Quote bei Weight Watchers betrug 29%. Von 211 Teilnehmern zu Beginn der Studie, beendeten 150 diese. Die Gründe für Drop-Outs waren unter anderem Lym-

phome, Medikamente zur Gewichtsreduktion oder der Wechsel zu einem anderen Ernährungskonzept. (Heshka, Anderson et al. 2003)

<u>Drop-Out-Quote Metabolic Balance</u>

In der Studie zum Programm Metabolic Balance gab es eine Drop-Out-Quote von 44,5% welche jedoch durch nachträgliche Datenerfassung auf 38,4% gesenkt werden konnte. Gründe für das Ausscheiden hier waren eine nicht machbare Kombination der Anforderungen des Konzeptes und den Arbeitsplätzen bzw. Familiengegebenheiten der Teilnehmer, sowie Unzufriedenheit bei der Betreuung. (Meffert & Gerdes, 2010)

<u>Drop-Out-Quote OPTIFAST® 52 Programm</u>

Die Daten aus der Studie zum OPTIFAST® 52 Programm gaben an, dass 8894 Probanden die Kriterien erfüllten, jedoch fielen 42% (3446 Probanden) heraus. Hierfür gab es Gründe wie persönliche Gründe (6,9%), keine weitere Erscheinung (6,5%), berufliche Gründe (5,1%), Krankheit / medizinische Gründe (3,6%), finanzielle Gründe (3,4%), ausreichendes Erfolgserlebnis (2,2%), familiäre Gründe (2,0%), psychische / psychologische Gründe (1,5%), Ausschluss durch das Programmteam (1,4%), Gewichtszunahme (1,0%), Produktunzufriedenheit (0,6%) oder Schwangerschaft (0,4%). In etwa 1/6 der Fälle war der Grund unbekannt (7,2%). (Bischoff et al., 2012)

4 Methodik

4.1 Untersuchungsobjekte

4.1.1 Rekrutierung

Die „Abnehmstudie 2.0" wurde ab dem 01.01.2018 beworben. Hier kamen Empfehlungsmarketing und Mundpropaganda als Bewerbungsmittel in allen vier Filialen zum Einsatz. Der Mitgliederstamm wurde seit dem 01.12.2017 aktiv angesprochen, ob Interesse für ein fünfwöchiges Ernährungsprogramm bestehe, da neben der Bewegung natürlich auch die Ernährung für ein körperliches Wohlbefinden im Fokus steht. Um das Interesse der Mitglieder zu wecken, wurde erläutert, dass Ihre individuellen Ziele, die sie sich jeweils setzen, noch besser zu realisieren sind, wenn man zusätzlich zum bisherigen EMS-Training ein solches Gewichtsreduktionsprogramm absolviert. Hier konnten sich Mitglieder bis zum 31.01.2018 anmelden. Es wurden 39 Teilnehmer (n) generiert.

4.1.2 Zusammensetzung der Stichprobe

Die 39 Teilnehmer, davon 27 Frauen (69,2%) und 12 Männer (30,8%). Das Alter der Frauen lag zwischen 19 und 60 Jahren, wobei das Durchschnittsalter 43,3 Jahre beträgt. Bei den Männern lag das Alter zwischen 31 und 57 Jahren, mit einem Durchschnittsalter von 44,7 Jahren.

4.1.3 Ein- & Ausschlusskriterien

Da alle Teilnehmer bereits Mitglieder der IntegraWell GmbH sind, wurden alle Kontraindikatoren bereits zu Beginn der Mitgliedschaft ausgeschlossen. Jegliche Neuerkrankung oder plötzliches Eintreten eines Kontraindikators muss der jeweiligen Filiale unverzüglich gemeldet werden. Zu den Kontraindikatoren zählen:

- Epilepsie

- Herzschrittmacher

- Schwere Durchblutungsstörungen

- Schwangerschaft

- Bauchwand – oder Leistenhernie

- Tuberkulose

- Tumorerkrankungen

- Arteriosklerose in fortgeschrittenem Stadium

- arterielle Durchblutungsstörungen

- schwere neurologische Erkrankungen

- Fieberhafte Erkrankungen, akute bakterielle oder virale Prozesse

- Blutungen, starke Blutungsneigungen (Hämophilie)

4.2 Untersuchungsdurchführung

4.2.1 Infoveranstaltung zur Vermittlung des Gewichtsreduktionsprogramms

Im Rahmen der Untersuchungsdurchführung wurden die Teilnehmer in einer Infoveranstaltung über das Gewichtsreduktionsprogramm und dessen Inhalte und Ablauf aufgeklärt. Diese Veranstaltung bestand aus einem 30 minütigem freien Vortrag mit Power-Point-Präsentation in der Hauptfiliale. Anschließend wurden aufkommende Fragen auf-

gegriffen und beantwortet, während parallel angefangen wurde, die Probanden zu vermessen.

4.2.2 Prospektive Erhebung der anthropometrischen Daten: Körpergröße, Körpergewicht, BMI, Taillen- und Hüftumfang sowie Körperfettanteil

Alle 39 Teilnehmer waren zur Infoveranstaltung in der Hauptfiliale anwesend und konnten im Anschluss an den Vortrag vermessen werden. Die Endmessung nach Abschluss des fünfwöchigen Programms wird individuell in einer der vier Filialen durchgeführt, in welcher der jeweilige Teilnehmer Mitglied ist, und sein Sportprogramm ausübt. Durch die Datenerhebung von Alter, Körpergröße, Körpergewicht, BMI, Taillenumfang, Hüftumfang, KFA und THQ zu Beginn der „Abnehmstudie 2.0" ergaben sich folgende anthropometrischen Daten bei Frauen und Männern.

4.2.3 Zeitliche und räumliche Bedingungen der Datenerhebung

Die 39 Probanden wurden am 31.01.2018 direkt nach der Infoveranstaltung vermessen. Hierzu wurden zehn Mitarbeiter mit vier Tanita BC-545n Körperfettwaagen und acht Maßbändern ausgestattet um die anthropometrischen Daten zu erheben. Die Teilnehmer wurden einzeln in die Umkleidekabinen gebeten, in der sie sich entkleiden und mit der Körperfettwaage durch eine bioelektrische Impedanzanalyse (BIA) vermessen werden konnten. Anschließend wurden Taillen- und Hüftumfang gemessen. Männer und Frauen wurden separat vom jeweils gleichgeschlechtlichen Mitarbeitern vermessen. Die Gesamtdauer, um alle 39 Teilnehmer zu vermessen betrug 60 Minuten. Anschließend folgt eine fünfwöchige individuelle Betreuung und danach wurden die Veränderungsdaten nach 5 Wochen ermittelt. Für die Endmessung wurde nach dem selben Prinzip wie bei der Eingangsvermessung gemessen, jedoch jeder Teilnehmer in seiner Filiale, in der er trainiert. Drei der vier Filialen, inklusive der Hauptfiliale, liegen 3,5 km voneinander entfernt, während die vierte Filiale 25 km entfernt ist.

4.3 Statistische Datenauswertung

4.3.1 Datenauswertung der anthropometrischen Daten

Die erhobenen Daten wurden in einen unternehmenseigenen Körperpass eingetragen. In diesem Körperpass werden die folgende Daten dokumentiert:

- Alter
- Geschlecht
- Körpergröße
- Datum der Messung
- Körpergewicht
- BMI
- KFA
- Muskelmasseanteil in kg
- Grundumsatz
- Taillenumfang
- Hüftumfang
- THQ
- Eiweißbedarf in Gramm pro Tag
- Wassertrinkmenge in Liter pro Tag

Nachdem die Werte in den Körperpass eingetragen, und die Werte für den THQ, Eiweißbedarf und die Trinkmenge berechnet wurden, sind die Daten digitalisiert worden in Form einer Excel-Tabelle. Hier wurden die anthropometrischen Daten nach Geschlechtern aufgeteilt und eingetragen. Nach Abschluss des fünfwöchigen Gewichtsreduktionsprogramms und der erneuten Vermessung der Teilnehmer in ihren jeweiligen Filialen, wurden die Abschlussdaten erneut in den selben Körperpass eingetragen, und diese Pässe anschließend zur Hauptfiliale weitergeleitet. Erneut wurden die Abschlussdaten in die Excel-Tabelle eingetragen, um die Veränderung der anthropometrischen Daten zu berechnen. Es wurden geschlechtsspezifisch die Durchschnittswerte der Anfangs- und Enddaten von:

- Körpergewicht
- BMI

- Taillenumfang

- Hüftumfang

- KFA

- THQ

berechnet, um Veränderungen in Zahlen zu haben. Ebenso wurden die Veränderungen der einzelnen Personen durch das Subtrahieren der Abschlusswerte von den Anfangs- werten berechnet. Somit konnten für jeden anthropometrischen Datensatz obere sowie untere Extremitäten herausgelesen werden.

4.3.2   Ermittlung der Drop-Out-Quote

Durch die Division der Anzahl der Drop-Out-Fälle durch die Gesamtanzahl aller Pro- banden, erhält man die Drop-Out-Quote, welche nach einer Faustregel bei klinischen Studien unter 15% liegen sollte. (Physio-Akademie gGmbH, 2018)

5   Ergebnisse

5.1   Darstellung der Veränderungen der anthropometrischen Daten

Nun stellt sich die Frage, inwiefern es Veränderungen der anthropometrischen Daten gab, nachdem die Probanden bisher nur Ihr Sport- und Bewegungsprogramm absolviert hatten, und nun zusätzlich ein Gewichtsreduktionsprogramm zusätzlich absolvierten. Vor dem Start der „Abnehmstudie 2.0" wurden folgende Durchschnittswerte ermittelt.

Die Frauen hatten ein Körpergewicht von Ø = 74,15 kg, der BMI lag bei Ø = 27,06 , der Taillenumfang lag bei Ø = 87,59 cm, der Hüftumfang bei Ø = 106,72 cm, der KFA bei Ø = 34,9 % und der THQ bei Ø = 0,82. Bei den Männern lag ein Körpergewicht von Ø = 89,65 kg vor, der BMI lag bei Ø = 27,98 , der Taillenumfang lag bei Ø = 99,31 cm, der Hüftumfang bei Ø = 105,93 cm, der KFA bei Ø = 24,83 % und der THQ bei Ø = 0,94.

Tab. 3: Prospektive Erhebung der anthropometrischen Daten der Frauen vor Beginn der „Abnehmstudie 2.0" (n=27)

Alter	Körpergröße in cm	Körpergewicht in kg	BMI	Taillenumfang in cm	Hüftumfang in cm	KFA in %	THQ
44	170	87,0	35,3	92	112	35,3	0,82
38	165	63,6	24,6	79,5	103	33,7	0,77
50	168	71,9	25,5	75	106	26,0	0,71
50	167	69,5	24,9	96,1	102,6	36,3	0,94
41	165	77,8	28,7	94	108,9	37,2	0,86
39	175	74,7	24,4	82	102	32	0,80
46	163	74,1	27,9	107,5	87,8	33,2	1,22
39	168	66,8	23,7	81,4	94,2	33,5	0,86
56	165	75,3	27,7	88	108	38,8	0,81
56	170	69,3	23,9	84,3	104,9	33,6	0,80
45	180	81,8	25,3	81,5	118,5	35,5	0,69
39	173	83,2	27,8	92	108	34,9	0,85
29	165	65,1	23,9	82	100	30,5	0,82
50	162	57,5	21,9	79,5	101	24,3	0,79
51	160	60,5	23,6	78	101,5	36,9	0,77
52	167	98,4	35,3	114,5	120,5	44,3	0,95
53	160	70,6	27,6	79,5	109,5	40,9	0,73
52	163	77,3	29	89,5	116	41,7	0,77
25	158	71,9	28,8	90,4	107,8	34,7	0,84
33	163	60	22,6	75	94	25,7	0,80
31	163	65	24,5	74,4	102,9	31,4	0,72
55	169	82,5	28,9	93,4	110,3	38,9	0,85
47	170	109,7	37,9	117	135	49,4	0,87
60	162	51	19,4	75,5	97	27,3	0,78
32	162	89,5	34,3	100	119	33,7	0,84
37	168	71,7	25,5	75	105	39	0,71
19	166	76,5	27,8	88	106	33,7	0,83

Tab. 4: Prospektive Erhebung der anthropometrischen Daten der Männer vor Beginn der „Abnehmstudie 2.0" (n=12)

Alter	Körpergröße in cm	Körpergewicht in kg	BMI	Taillenumfang in cm	Hüftumfang in cm	KFA in %	THQ
55	183	105,1	31,4	100	112	30,8	0,89
45	176	102,8	33,2	106,9	114,3	27,8	0,94
25	183	97	29	101	111,3	27,5	0,91
56	175	88,3	28,8	110	103	30,8	1,07
31	189	106	29,7	108,2	117	21,3	0,92
48	186	87,6	25,3	94,7	101,5	21,3	0,93
57	176	87,2	28,2	102	107	28,4	0,95
54	183	96,5	28,8	104	106	29	0,98
39	180	87,1	26,6	98,5	109,5	23,5	0,90
46	170	78,8	27,3	106,9	99,6	25,4	1,07
42	173	71,1	23,8	81,5	100	17,3	0,82
38	170	68,3	23,6	78	90	14,9	0,87

Nach dem fünfwöchigen Ernährungsprogramm und dem weiter fortgeführtem Sport- und Bewegungsprogramms, wurden folgende Daten ermittelt.

Die Frauen hatten nun ein Körpergewicht von Ø = 72,31 kg, der BMI lag bei Ø = 26,14 , der Taillenumfang lag bei Ø = 83,16 cm, der Hüftumfang bei Ø = 103,06 cm, der KFA bei Ø = 33,0 % und der THQ bei Ø = 0,81. Bei den Männern lag ein Körpergewicht von Ø = 86,48 kg vor, der BMI lag bei Ø = 26,97 , der Taillenumfang lag bei Ø = 93,85 cm, der Hüftumfang bei Ø = 101,52 cm, der KFA bei Ø = 23,36 % und der THQ bei Ø = 0,92.

Tab. 5: Endmessung nach fünfwöchigem Gewichtsreduktionsprogramm „Abnehmstudie 2.0" bei den Frauen (n=27)

Alter	Körpergröße in cm	Körpergewicht in kg	BMI	Taillenumfang in cm	Hüftumfang in cm	KFA in %	THQ
44	170	84,7	29,4	88	109	29,3	0,81
38	165	61,9	22,8	73	98	28,8	0,74
50	168	68,9	24,4	70	105	25,8	0,67
50	167	67,2	24,1	89,9	96,9	35,7	0,93
41	165	76,5	28,3	88	105	34,1	0,84
39	175	71,8	23,4	77,3	96,3	29,7	0,80
46	163	72,2	27,2	104,4	84,5	32,6	1,24
39	168	64,8	23,2	78,6	92,1	31,3	0,85
56	165	72,7	26,7	86	107	37,6	0,80
56	170	68,6	23,5	80	99,2	32,1	0,81
45	180	79,8	24,7	79	115,3	33,2	0,69
39	173	82,5	27,6	84	108	32,1	0,78
29	165	65,2	24	80	100	29,3	0,80
50	162	55,3	21	65	90	24	0,72
51	160	59,8	23,4	75	100	35,9	0,75
52	167	96,4	34,4	110,5	116,5	42,3	0,95
53	160	69,7	27,3	73,5	108,6	40,9	0,68
52	163	75,9	28,6	83	110,5	39,1	0,75
25	158	70,6	28	82,5	104,8	34,4	0,79
33	163	58,1	21,8	75	92	23,9	0,82
31	163	62	23,3	69,8	96,7	29,7	0,72
55	169	79,2	27,7	92,8	106,1	35,2	0,87
47	170	109,5	37,9	117	131	46,6	0,89
60	162	48,7	18,7	75	93	26,2	0,81
32	162	86,1	32,8	94	114	32,8	0,82
37	168	70	24,8	70	100	36,4	0,70
19	166	74,3	26,9	84	103	31,9	0,82

Tab. 6: Endmessung nach fünfwöchigem Gewichtsreduktionsprogramm „Abnehmstudie 2.0" bei den Männern (n=12)

Alter	Körpergröße in cm	Körpergewicht in kg	BMI	Taillenumfang in cm	Hüftumfang in cm	KFA in %	THQ
55	183	103	30,8	98,4	108,7	30	0,91
45	176	101	32,6	103,5	109,8	27,1	0,94
25	183	94,9	28,4	96,5	107	26,3	0,90
56	175	83,4	27,2	106	99	30	1,07
31	189	103,3	28,8	97,5	107,5	20,6	0,91
48	186	84,3	24,4	91	98	19,5	0,93
57	176	83,9	27,1	95	96	26,7	0,99
54	183	94,1	28,1	103	105	25,7	0,98
39	180	83,1	25,6	90,1	101,4	21,4	0,89
46	170	74,2	25,7	96	99,6	22,6	0,96
42	173	67,2	22,4	77,1	95,1	16,2	0,81
38	170	65,4	22,5	72,1	91,1	14,2	0,79

5.2 Grafische Darstellung der Ergebnisse und der statistischen Auswertung

Anhand der Abschlussmessungen nach fünf Wochen lassen sich folgende Veränderungen feststellen. Ein Großteil hat Veränderungen erzielt, andere haben keine Veränderungen erreicht oder gar an Gewicht zugenommen. Bei den Frauen wurde das Körpergewicht um -0,1 – 3,4 kg (Ø= -1,84 kg), der BMI um -0,1 bis 5,9 (Ø= -0,92), der Taillenumfang um 0 bis 14,5 cm (Ø= -4,43cm), der Hüftumfang um 0 bis 6,2 cm (Ø= -3,66 cm) und der Körperfettanteil um 0 bis 6% (Ø= -1,91%) gesenkt.

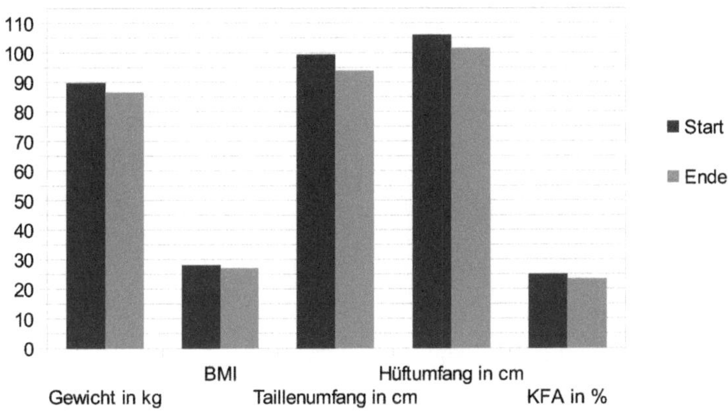

Abb. 3: Grafische Darstellung der Ergebnisse der anthropometrischen Daten der Frauen

Bei den Männern wurde das Körpergewicht um 1,8 bis 4,9 kg (Ø= -3,17 kg), der BMI um 0,6 bis 1,6 (Ø= -1,01), der Taillenumfang um 1 bis 10,9 cm (Ø= -5,46 cm), der Hüftumfang um -1,1 bis 9,5 cm (Ø= -4,42 cm) und der KFA um 0,7 bis 3,3% (Ø= -1,48%) gesenkt.

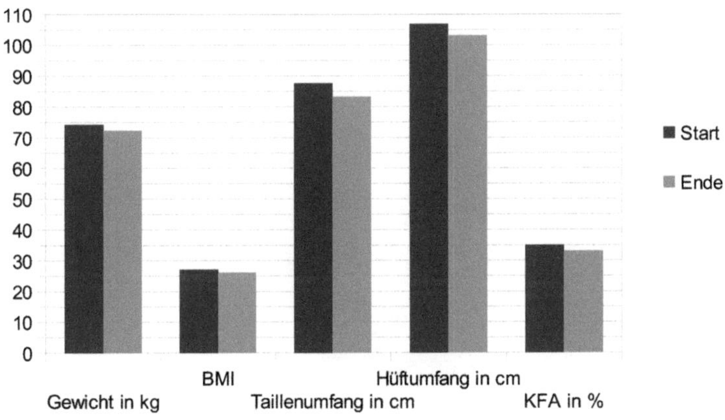

Abb. 4: Grafische Darstellung der Ergebnisse der anthropometrischen Daten der Männer

Auch hinsichtlich der Klassifikation der WHO anhand der Tabelle aus Kapitel 3.1, lassen sich folgende Ergebnisse aufgrund der Veränderung des BMI zeigen.

Von 27 Frauen waren zu Beginn der Datenerfassung 40,7% normal gewichtig, 44,4% hatten Präadipositas, 3,7% waren Adipositas Stufe I und 11,1% waren Adipositas Stufe II. (WHO, 2000)

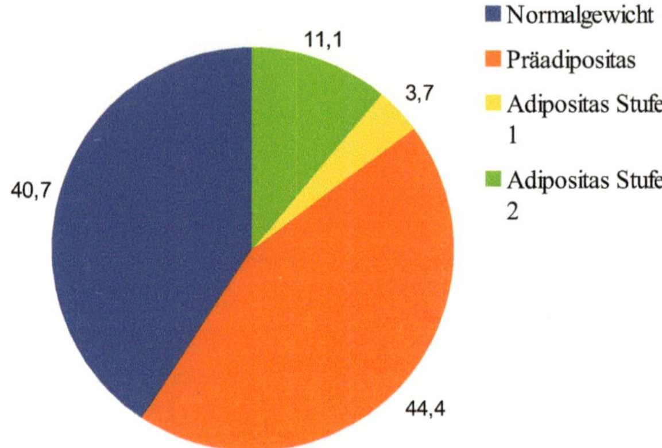

Abb. 5: Klassifizierung der Frauen zu Beginn der „Abnehmstudie 2.0" nach WHO (Angaben in %)

Bei den 12 Männern waren zum Start 16,7% im Normalgewicht, 66,6% Präadipositas und 16,7% Adipositas Stufe 1. (WHO, 2000)

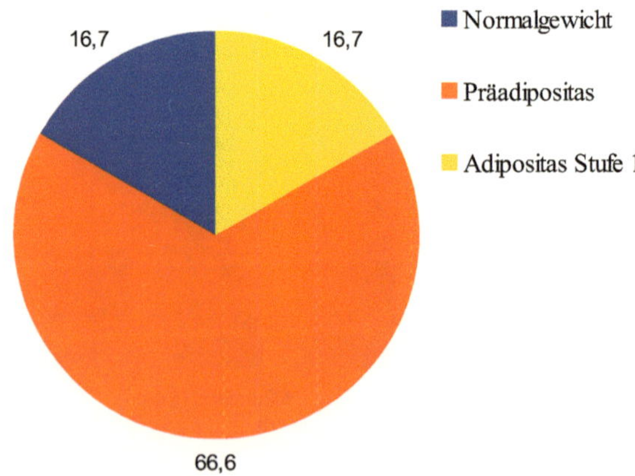

Abb. 6: Klassifizierung der Männer zu Beginn der „Abnehmstudie 2.0" nach WHO (Angaben in %)

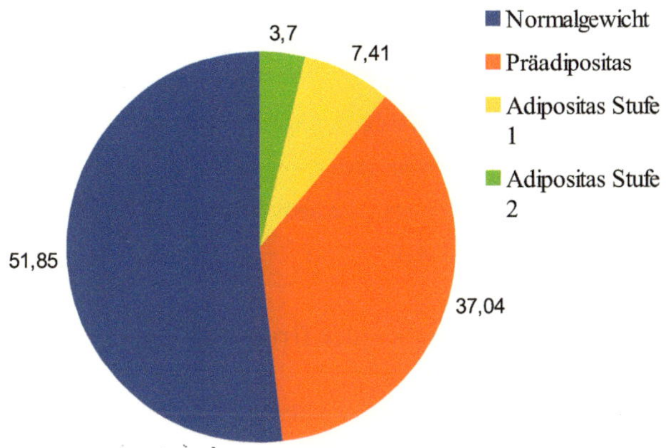

Abb. 7: Klassifizierung der Frauen am Ende der „Abnehmstudie 2.0" nach WHO (Angaben in %)

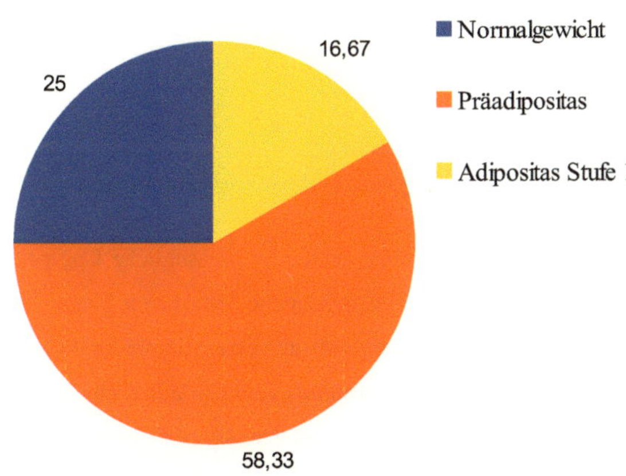

Abb. 8: Klassifizierung der Männer am Ende der „Abnehmstudie 2.0" nach WHO (Angaben in %)

Somit konnten die Teilnehme nach fünf Wochen neu kategorisiert werden. Zuvor waren elf Frauen nach WHO-Klassifizierung im Normalgewicht, zwölf wurden als präadipös eingestuft, eine Frau wurde mit Adipositas Stufe 1 klassifiziert, und drei weitere mit

Adipositas Stufe 2. Nach dem fünfwöchigen Gewichtsreduktionsprogramms waren bereits 14 Frauen im Normalgewicht, zehn Frauen werden noch als präadipös eingestuft, zwei weitere wurden mit Adipositas Stufe 1 bewertet und eine weitere mit Adipositas Stufe 2. (WHO, 2000)

Bei den Männern waren vor Beginn des Fünf-Wochen-Programms zwei im Normalgewicht, acht weitere wurden als präadipös eingestuft und zwei bekamen die Klassifikation Adipositas Stufe 1. Nach Abschluss des Programms waren drei Herren im Normalgewicht, sieben Männer wurden als präadipös bewertet und 2 weitere wurden mit Adipositas Stufe 1 klassifiziert. (WHO, 2000)

5.3 Darstellung der Ergebnisse der Drop-Out-Quote

Wie in Kapitel 4.3.2 erwähnt, entsteht eine Drop-Out-Quote durch die Division der Anzahl der Drop-Out-Fälle durch die Gesamtanzahl aller Probanden. Da alle 39 Teilnehmer, welche an der Informationsveranstaltung teilgenommen haben, auch das fünfwöchige Gewichtsreduktionsprogramm absolviert haben, ergibt sich eine Drop-Out-Quote von 0%. (Physio-Akademie gGmbH, 2018)

6 Diskussion

6.1 Kritische Darstellung der Erhebungsmethoden

Ein Kritikpunkt zur Datenerhebung wäre, die menschliche Ungenauigkeit. Durch das messen mit dem Maßband durch verschiedene Mitarbeiter können Abweichungen entstehen. Auch ist nicht gewährleistet, dass derselbe Mitarbeiter denselben Teilnehmer zu Beginn und zum Abschluss des Programms vermessen hat. Hinzu kommen Abweichungen der Körperfettwaage, da ein voller Magen, kürzlich verzehrte Mahlzeiten oder der Hydrationsstatus die Richtwerte verfälschen könnten, obwohl die Teilnehmer darauf hingewiesen wurden, mindestens 30 Minuten vor dem Infoabend keine größeren Mahlzeiten zu verzehren oder übermäßig zu trinken. Hinzukommen zeitliche Faktoren. Die Erstvermessung fand abends statt, während die Endvermessungen zu unterschiedlichsten Zeiten während des Studiobetriebs stattfanden. Die Rahmenbedingungen für das Ernährungskonzept waren gegeben, jedoch konnte man nur in Feedbackgesprächen bei der individuellen Betreuung darauf eingehen, ob die Ernährungsempfehlungen eingehalten wurden. Hierbei beruht es sich auf Vertrauensbasis zwischen Teilnehmer und Betreuer, wobei die Teilnehmer vermehrt Ernährungstagebücher in Papier- oder Appform führten. Des weiteren ist zu beanstanden, dass es keine Kontrollgruppe gab, um die jeweiligen Ergebnisse zu bestätigen oder zu widerlegen. Positiv anzumerken ist die persönliche und umfangreiche individuelle Betreuung. Durch diese bekamen die Teilnehmer zeitnah und einfach permanentes Feedback bei aufkommenden Fragen zur Ernährung oder anderem und konnten somit das fünfwöchige Programm durchführen, ohne die Studie frühzeitig zu beenden. Hierbei war das Kommunizieren über WhatsApp eine moderne Art des Betreuens, um den Kunden erfolgreich zu begleiten und den Erfolg zu gewährleisten. Dies widerspiegelt die Drop-Out-Quote letztendlich.

6.2 Interpretation der Veränderungen der anthropometrischen Daten bei den Teilnehmern im Vergleich zu Daten aus Evaluationen von anderen kommerziellen Gewichtsreduktionsprogrammen

Zwar wurden weder bei den Männern (3,54%) noch bei den Frauen (2,48%) die 5%-Marke der Gewichtsreduktion vom Anfangsgewicht erreicht, um die Kriterien eines erfolgreichen Diätprogramms zu erfüllen. (Meffert & Gerdes, 2010) Betrachtet man jedoch die aufgestellte Veränderungshypothese, so hat man unabhängig von diesen Kriterien positive Ergebnisse auf die Gewichtsreduktion erzielt. Betrachtet man die reine Gewichtsreduktion in kg der Programme Weight Watchers (Heshka, Anderson et al. 2003) und Metabolic Balance (Meffert & Gerdes, 2010) mit denen der „Abnehmstudie 2.0", so hat man nach fünf Wochen ähnlichen Erfolg erzielt wie die beiden Programme in einem Jahr, jedoch unterscheiden sich diese von der Teilnehmerzahl. Aufgrund der Unterschiede der jeweiligen Längen der verschiedenen Gewichtsreduktionsprogrammen, ist es schwierig, die Ergebnisse zu vergleichen, da die Programme Weight Watchers, Metabolic Balance und das OPTIFAST® 52 Programm in den vorherigen Studien einen Zeitraum von mindestens einem Jahr hatten. Jedoch wurden hinsichtlich des gegenwärtigen Kenntnisstandes bereits bei fünf Wochen Ergebnisse erzielt, um die Risiken für Folgeerkrankungen zu mindern (RKI,2012). Hinzukommend ist die Tiefe an Messwerten wie beispielsweise den Blutwerten bei Metabolic Balance, welche tiefere Analysen des individuellen Kunden zulassen (Metabolic Balance, 2018). Die „Abnehmstudie 2.0" wurden auf die anthropometrischen Daten wie Körpergewicht, BMI, Taillenumfang, Hüftumfang, KFA, THQ ausgelegt, ohne weitere Werte wie etwa Veränderungen des Blutdrucks oder Blutzuckerwerte zu dokumentieren, um Risikoerkrankungen einschätzen zu können (Universitätsmedizin Leipzig IFB Adipositas Erkrankungen, 2018). Anhand der gewonnenen Erkenntnisse Für das Unternehmen waren die Ergebnisse hilfreich, um zukünftig weitere Gewichtsreduktionsprogramme zu starten und nicht nur einen der primären Hauptgründe für Übergewicht, nämlich das Sportprogramm (hier EMS-Training), anzugehen, sondern auch den zweiten gravierenden Hauptgrund für Übergewicht, die Ernährung (DGE, 2017).

7 Zusammenfassung

Durch die Industrialisierung nimmt die Bewegung der deutschen Bevölkerung ab und die Kaloriendichte der Ernährung nimmt zu. In Industrieländern bewegt man sich zu wenig und nimmt zu viele Kalorien auf. Somit werden immer mehr Deutsche übergewichtig oder gar adipös.

Um diesen Problemen entgegenzuwirken und eine Gewichtsreduktion zu erzielen, bieten Unternehmen, wie etwa Fitness- und Gesundheitseinrichtungen neben ihrem Sport- und Bewegungsprogramm auch verschiedene Gewichtsreduktionsprogramme an.

Bei der „Abnehmstudie 2.0" wurden 39 Teilnehmer, darunter 27 Frauen und 12 Männer, die bereits ein Sport- und Bewegungsprogramm absolvieren, für ein fünfwöchiges Gewichtsreduktionsprogramm rekrutiert. Die Teilnehmer wurden jeweils vor und nach den fünf Wochen vermessen.

Anhand der Abschlussmessungen nach fünf Wochen ließen sich Veränderungen feststellen. Ein Großteil hat Veränderungen erzielt, andere haben keine Veränderungen erreicht oder gar an Gewicht zugenommen. Bei den Frauen wurde das Körpergewicht um -0,1 – 3,4 kg (Ø= -1,84 kg), der BMI um -0,1 bis 5,9 (Ø= -0,92), der Taillenumfang um 0 bis 14,5 cm (Ø= -4,43cm), der Hüftumfang um 0 bis 6,2 cm (Ø= -3,66 cm) und der Körperfettanteil um 0 bis 6% (Ø= -1,91%) gesenkt. Bei den Männern wurde das Körpergewicht um 1,8 bis 4,9 kg (Ø= -3,17 kg), der BMI um 0,6 bis 1,6 (Ø= -1,01), der Taillenumfang um 1 bis 10,9 cm (Ø= -5,46 cm), der Hüftumfang um -1,1 bis 9,5 cm (Ø= -4,42 cm) und der KFA um 0,7 bis 3,3% (Ø= -1,48%) gesenkt.

Diese Ergebnisse zeigen, dass sich ein Gewichtsreduktionsprogramm wie die „Abnehmstudie 2.0" zusätzlich zu einem Sport- und Bewegungsprogramm (hier EMS-Training) so auswirkt, um eine Gewichtsreduktion hervorzurufen.

8   Literaturverzeichnis

Bischoff, S. C.; Damms-Machado, A.; Betz, C.; Herpertz, S.; Legenbauer, T.; Löw, T.; Wechsler, J. G.; Bischoff, G.; Austel, A.; Ellrott, T. (2012) *Multicenter evaluation of an interdisciplinary 52-week weight loss program for obesity with regard to body weight, comorbidities and quality of life--a prospective study* Zugriff am 02.04.2018 Verfügbar unter https://www.nature.com/articles/ijo2011107#abstract

Deutsche Adipositas Gesellschaft (DAG) e. V. *Gewichtsklassifikation bei Erwachsenen anhand des BMI nach WHO (2000).* Zugriff am 30.03.2018. Verfügbar unter http://www.adipositas-gesellschaft.de/index.php?id=39

Deutsche Gesellschaft für Ernährung e. V. (Hrsg.) (2017). *So dick war Deutschland noch nie.* Zugriff am 21.01.2018. Verfügbar unter http://www.dge.de/presse/pm/so-dick-war-deutschland-noch-nie/

Heilmeyer, Peter (2008) *Die LOGI-Methode Eine maßgeschneiderte Ernährung bei Übergewicht, Metabolischem Syndrom und Typ-2-Diabetes.* Zugriff am 31.03.2018 Verfügbar unter https://www.thieme-connect.com/products/ejournals/pdf/10.1055/s-2008-1074486.pdf

Heshka, Stanley; Anderson, James W.; Atkinson, Richard L. (2003) *Weight loss with self-help compared with a structured commercial program* Zugriff am 02.04.2018 Verfügbar unter https://jamanetwork.com/journals/jama/fullarticle/196342

Larsen, Thomas Meinert; Dalskov, Stine-Mathilde; van Baak, Marleen; Jebb, Susan A.; Papadaki, Angeliki; Pfeiffer, Andreas F. H.; Martinez, J. Alfredo; Handjieva-Darlenska, Teodora; Kunešová, Marie; Pihlsgård, Mats; Stender, Steen; Holst, Claus; Saris, Wim H. M.; Astrup, Arne. (2010) *Diets with high or low protein content and glycemic index for weight-loss maintenance* Zugriff am 27.06.2018 Verfügbar unter https://www.nejm.org/doi/pdf/10.1056/NEJMoa1007137

Meffert, Cornelia; Gerdes, Nikolaus (2010) *Program adherence and effectiveness of a commercial nutrition program - The metabolic balance study* Zugriff am 02.04.2018 Verfügbar unter https://www.hindawi.com/journals/jnme/2010/197656/

Metabolic Balance GmbH & Co. KG (2018) *Ernährungskonzept* Zugriff am 27.06.2018 Verfügbar unter https://de.metabolic-balance.com/Ernaehrungskonzept

Nestlé Health Science Deutschland GmbH (2018) *OPTIFAST® 52 Programm* Zugriff am 27.06.2018 Verfügbar unter https://www.optifast.de/abnehmprogramm/52-programm

Nestlé Health Science Deutschland GmbH (2018) *OPTIFAST® Produkte* Zugriff am 27.06.2018 Verfügbar unter https://www.optifast.de/abnehmprodukte

Physio-Akademie gGmbH (2018) *Drop-out/Drop-out-Quote* Zugriff am 28.06.2018 Verfügbar unter https://www.physio-akademie.de/forschung-wissenschaft/woerterbuch-wissenschaft/woerterbuch/drop-outdrop-out-quote/

Robert-Koch-Institut. (1998) *BGS98: Bundes-Gesundheitssurvey 1998.* Zugriff am 30.03.2018. Verfügbar unter https://www.rki.de/DE/Content/Gesundheitsmonitoring/Studien/Degs/bgs98/bgs98_node.html

Robert-Koch-Institut. (2012) *DEGS1 (2008-2011).* Zugriff am 30.03.2018. Verfügbar unter https://www.rki.de/DE/Content/Gesundheitsmonitoring/Studien/Degs/degs_w1/degs_w1_node.html

Robert-Koch-Institut. (2012) *DEGS1-Wichtige Ergebnisse auf einen Blick.* Zugriff am 31.03.2018. Verfügbar unter https://www.rki.de/DE/Content/Gesundheitsmonitoring/Studien/Degs/degs_w1/DEGS1-Ergebnisse.pdf?__blob=publicationFile

Techniker Krankenkasse. (2016) *Beweg Dich, Deutschland! – TK-Bewegungsstudie 2016.* Zugriff am 25.06.2018. Verfügbar unter:

https://www.tk.de/resource/blob/2026646/0aa4b08bf5b67b8495dce9b24b2c3bac/tk-bewegungsstudie-2016-data.pdf

Universitätsmedizin Leipzig IFB Adipositas Erkrankungen. (2018) *Folgeerkrankungen.* Zugriff am 31.03.2018. Verfügbar unter https://www.ifb-adipositas.de/adipositas/folgeerkrankungen

Universitätsmedizin Leipzig IFB Adipositas Erkrankungen. (2018) *Ursachen.* Zugriff am 25.06.2018. Verfügbar unter https://www.ifb-adipositas.de/adipositas/ursachen

Universitätsmedizin Leipzig IFB Adipositas Erkrankungen. (2018) *Was ist Adipositas.* Zugriff am 25.06.2018. Verfügbar unter https://www.ifb-adipositas.de/adipositas/was-ist-adipositas

Wissenschaftlicher Dienst des deutschen Bundestages (2016) *Sachstand - Steigender Zuckerkonsum Zahlen, Positionen und Steuerungsmaßnahmen* Zugriff am 26.06.2018. Verfügbar unter

https://www.bundestag.de/blob/480534/0ae314792d88005c74a72378e3a42aec/wd-9-053-16-pdf-data.pdf

Wüstenhagen, C. (2009) *Die Wahrheit über unser Essen* Zugriff am 27.06.2018. Verfügbar unter https://www.zeit.de/zeit-wissen/2009/05/Essen/komplettansicht

9 Abbildungs-, Tabellen-, Abkürzungsverzeichnis

9.1 Tabellenverzeichnis

9.2 Abbildungsverzeichnis

9.3 Abkürzungsverzeichnis

BIA	Bioelektrische Impedanzanalyse
BGS98	Bundes-Gesundheitssurvey 1998
BMI	Body Mass Index
DAG	Deutsche Adipositas Gesellschaft
DEGS1	Studie zur Gesundheit Erwachsener in Deutschland
EMS	Elektro-Myo-Stimulation
HDL	High-density Lipoprotein
KFA	Körperfettanteil
LDL	Low-density Lipoprotein
RKI	Robert-Koch-Institut
THQ	Taillen-Hüft-Quotient
TK	Techniker Krankenkasse
WHO	World Health Organisation

BEI GRIN MACHT SICH IHR WISSEN BEZAHLT

- Wir veröffentlichen Ihre Hausarbeit,
  Bachelor- und Masterarbeit

- Ihr eigenes eBook und Buch -
  weltweit in allen wichtigen Shops

- Verdienen Sie an jedem Verkauf

Jetzt bei www.GRIN.com hochladen
und kostenlos publizieren